公路施工安全教育系列丛书——工种安全操作

本书为《公路施工安全视频教程》配套用书

钢筋工

安全操作手册

广 东 省 交 通 运 输 厅 组织编写

广东省南粤交通投资建设有限公司
中 铁 隧 道 局 集 团 有 限 公 司 主 编

人民交通出版社股份有限公司
China Communications Press Co.,Ltd.

内 容 提 要

本书是《公路施工安全教育系列丛书——工种安全操作》中的一本，是《公路施工安全视频教程》(第五册 工种安全操作)的配套用书。本书主要介绍钢筋工安全作业的相关内容，包括：钢筋工简介，钢筋工岗位职责及安全风险，钢筋工基本要求，钢筋工作业要点及安全注意事项，全自动钢筋加工机械简介等。

本书可供钢筋工使用，也可作为相关人员安全学习的参考资料。

图书在版编目(CIP)数据

钢筋工安全操作手册/广东省交通运输厅组织编写；广东省南粤交通投资建设有限公司，中铁隧道局集团有限公司主编. — 北京：人民交通出版社股份有限公司，2018.12(2025.1 重印)

ISBN 978-7-114-15037-1

Ⅰ. ①钢… Ⅱ. ①广… ②广… ③中… Ⅲ. ①配筋工程—工程施工—安全技术—手册 Ⅳ. ①TU755.3-62

中国版本图书馆 CIP 数据核字(2018)第 226231 号

Gangjingong Anquan Caozuo Shouce

书　　名：钢筋工安全操作手册
著 作 者：广东省交通运输厅组织编写
广东省南粤交通投资建设有限公司　中铁隧道局集团有限公司主编
责任编辑：韩亚楠　张征宇
责任校对：张　贺
责任印制：张　凯
出版发行：人民交通出版社股份有限公司
地　　址：(100011)北京市朝阳区安定门外外馆斜街 3 号
网　　址：http://www.ccpcl.com.cn
销售电话：(010)85285857
总 经 销：人民交通出版社股份有限公司发行部
经　　销：各地新华书店
印　　刷：北京建宏印刷有限公司
开　　本：880×1230　1/32
印　　张：1.625
字　　数：44 千
版　　次：2018 年 12 月　第 1 版
印　　次：2025 年 1 月　第 4 次印刷
书　　号：ISBN 978-7-114-15037-1
定　　价：15.00 元

套筒挤压连接机

直螺纹滚丝机

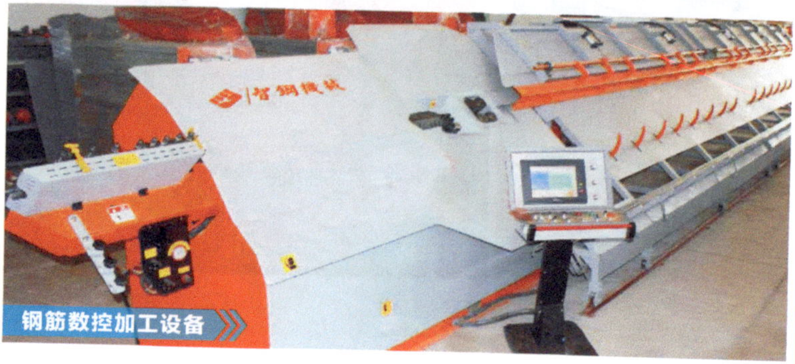

钢筋数控加工设备

编委会名单

EDITORIAL BOARD

《公路施工安全教育系列丛书——工种安全操作》
编审委员会

主 任 委 员： 黄成造

副主任委员： 潘明亮

委　　　员： 张家慧　陈子建　韩占波　覃辉鹃　王立军　李　磊　刘爱新　贺小明　高　翔

《钢筋工安全操作手册》
编 写 人 员

编　　　写： 张立军　柳亮亮

校　　　核： 王立军　刘爱新

版 面 设 计： 孟祥坤　高文多

致工友们的一封信

LETTER

亲爱的工友：

你们好！

为了祖国的交通基础设施建设，你们离开温馨的家园，甚至不远千里来到施工现场，用自己的智慧和汗水将一条条道路、一座座桥梁、一处处隧道从设计蓝图变成了实体工程。你们通过辛勤劳动为祖国修路架桥，为交通强国、民族复兴做出了自己的贡献，同时也用双手为自己创造了美好的生活。在此，衷心感谢你们！

交通建设行业是国家基础性和先导性行业，也是安全生产的高危行业。由于安全意识不够、安全知识不足、防护措施不到位和违章操作等原因，安全事故仍时有发生，令人非常痛心！从事工程施工一线建设，你们的安全牵动着家人的心，牵动着广大交通人的心，更牵动着党中央及各级党委、政府的心。为让工友们增强安全意识，提高安全技能，规范安全操作，降低安全风险，保证生产安全，我们组织开发制作了以动画和视频为主要展现形式的《公路施工安全视频教程》(第五册　工种安全操作)，并同步编写了配套的《公路施工安全教育系列丛书——工种安全操作》口袋书。全套视频教程和配套用书梳理、提炼了工种操作与安全生产相关的核心知识和现场安全操作要点，易学易懂，使工友们能知原理、会工艺、懂操作，在工作中做到保护好自己和他人不受伤害。

请工友们珍爱生命，安全生产；祝福你们身体健康，工作愉快，家庭幸福！

广东省交通运输厅

二〇一八年十月

目录

CONTENTS

目录

1 PART 钢筋工简介

1.1 钢筋工定义

钢筋工是指使用工具及机械，对钢筋进行除锈、调直、连接、切断、加工成型及安装的人员。

绑扎连接

焊接连接

直螺纹套筒连接

直筒挤压连接机

切断

加工成型

安装钢筋

1.2 钢筋工常用的设备及工具

钢筋工常用的设备主要有调直机、除锈机、弯曲机、切断机、套筒挤压连接机、直螺纹滚丝机、钢筋数控加工设备等。

调直机

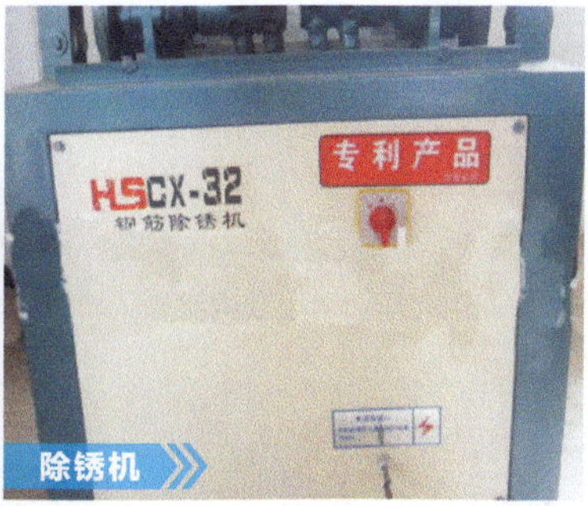

除锈机

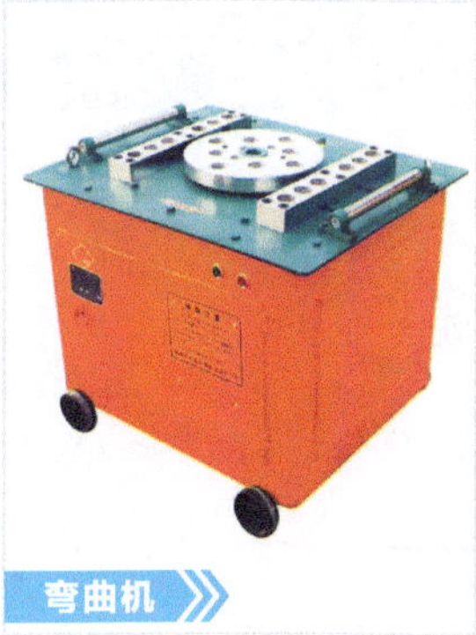
弯曲机

切断机

套筒挤压连接机

直螺纹滚丝机

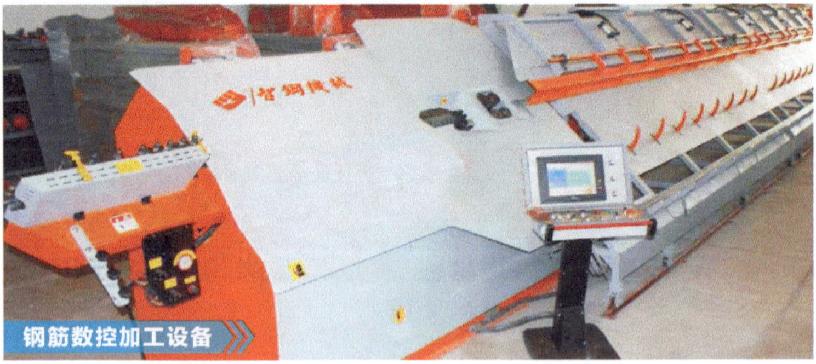
钢筋数控加工设备

钢筋工常用的工具主要有断线钳、手工弯曲工具、扭矩扳手、定位卡具、扎丝机、钢筋钩、钢丝刷、卷尺、石笔等。

断线钳

手工弯曲工具

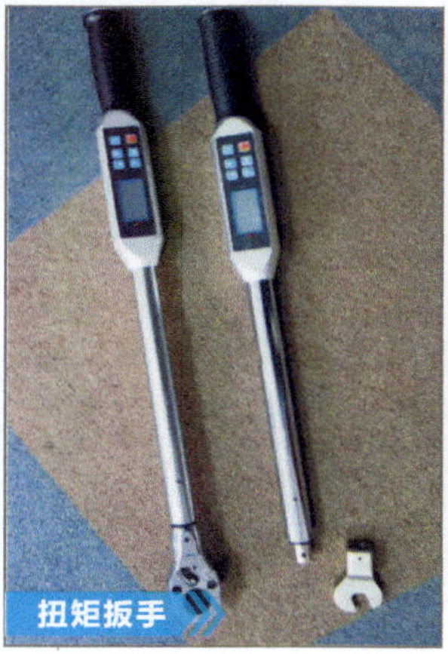
扭矩扳手

定位卡具

扎丝机

钢筋钩

钢丝刷

卷尺

石笔

2 PART 钢筋工岗位职责及安全风险

2.1 钢筋工岗位职责

(1)严格遵守项目规章制度及作业安全操作规程。

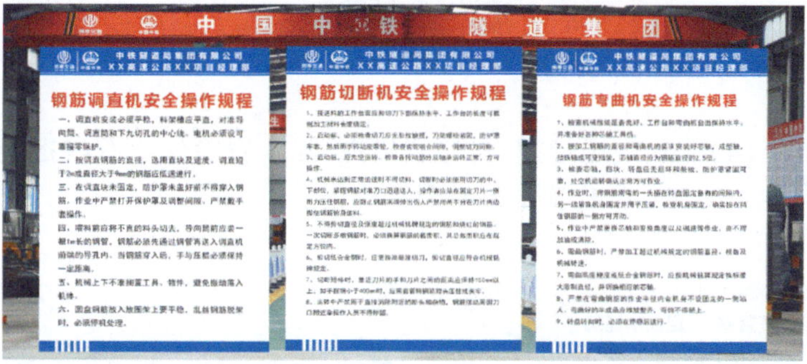

(2)根据作业内容及所处环境规范佩戴劳动防护用品。

(3)接受技术及安全交底培训并按交底要求规范作业。

(4)服从现场指挥，对违章指挥、强令冒险作业有权拒绝，对他人的违章操作应加以劝阻和制止。

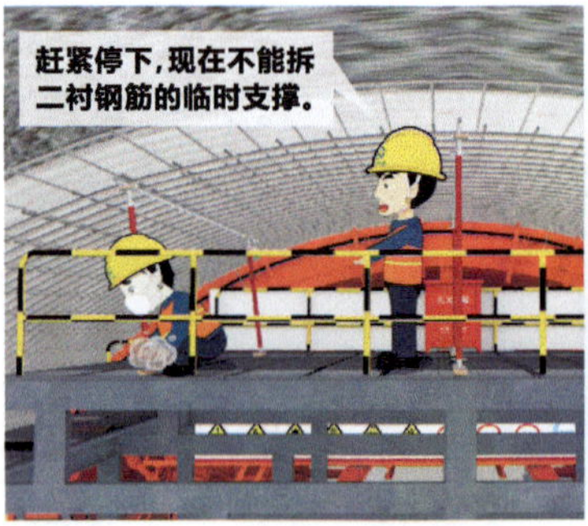

(5)做好钢筋加工设备及工具的日常维护。

2.2 钢筋工作业风险分析

钢筋工作业过程中存在的安全风险主要有钢筋垮塌、机械伤害、触电、高处坠落、物体打击等。

钢筋垮塌

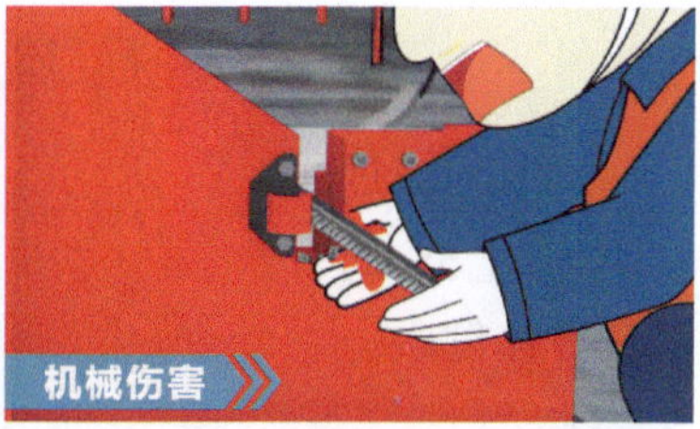
机械伤害

触电

高处坠落

物体打击

3 PART 钢筋工基本要求

年满 18 周岁不超过 55 周岁且身体健康。

钢筋工应经职业技能培训并熟练掌握岗位操作技能。

必须经入场安全教育培训并考试合格后方可上岗。

4 PART 钢筋工作业要点及安全注意事项

4.1 钢筋转运

(1)原材料运输时必须根据其长度和单捆质量,安排运输车辆和起重设备。

(2)半成品运输时应根据其尺寸、形状合理选择运输方式及设备,运输时不得拖地。

（3）人工搬运钢筋时，步伐要一致。当上下坡时，要前后呼应，步伐稳、慢。

（4）钢筋起吊时必须捆扎牢固并保持平衡，防止钢筋掉落。

（5）起吊钢筋或钢筋骨架时，下方禁止站人，待钢筋骨架降落至离地面或安装标高1m以内时，人员方可靠近操作。

4.2 钢筋存放

(1)钢筋存放场地应硬化处理,承载力满足要求。

(2)钢筋应分类、分规格分别堆放整齐,离地高不小于300mm,并做好标识。

(3)钢筋不得与酸、盐、油等物品混存,防止腐蚀。

(4)钢材应存放在加工厂或料棚内,场地周围做好排水措施。

(5)现场临时存放时,应选择地势较高、土质坚实、较为平坦的场地。

(6)钢筋的堆放高度不宜大于1.2m,圆盘钢筋及钢筋笼存放不应超过两层,并做好防倾覆措施。

4.3 钢筋加工

4.3.1 调直

(1)钢筋调直方法有机械调直和人工调直。

（2）调直前应确保料架、料槽安装平直，使导向筒、调直机和切口孔位于同一直线；手动转动飞轮，检查传动机构和工作装置，调整间隙，紧固螺栓。然后检查电气系统，空转运行正常后方可作业。

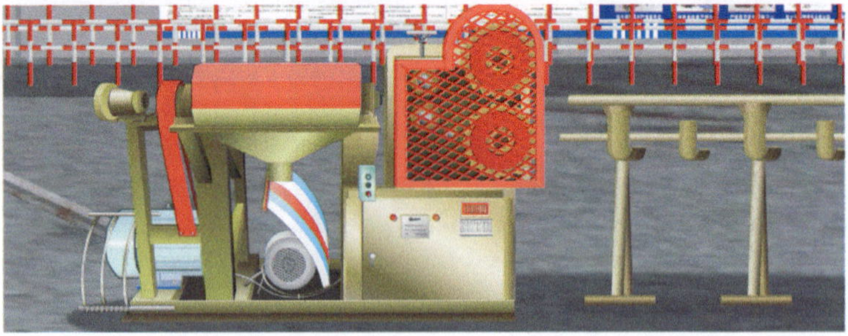

(3)送料前将钢筋接头弯曲部分切除,钢筋送入后手与曳轮应保持一定距离。

(4)作业中严禁打开各部位防护罩并调整间隙。

(5)钢筋调直到接近末端时,在钢筋可能甩动范围内不准有人。

(6)人工调直钢筋时不得使用明火烘烤。

4.3.2 除锈

钢筋除锈的方法有：人工除锈、机械除锈、化学除锈。

人工除锈

机械除锈

化学除锈

（1）人工除锈的常用方法是用钢丝刷、砂盘、麻袋布等轻擦或将钢筋在砂堆上来回拉动除锈。

钢丝刷除锈

砂盘除锈

水喷砂除锈

干喷砂除锈

（2）对锈蚀比较严重的钢筋，采取除锈剂进行除锈。

(3)对直径较细的盘条钢筋,通过调直过程自动去锈。

粗钢筋采用圆盘钢丝刷除锈机除锈,除锈应在基本调直后进行。

4.3.3 切断

(1)操作者应站在切断机固定刀片一侧,用力压住钢筋,严禁用两手分在刀面两边握住钢筋俯身送料。

(2)不得剪切直径及强度超过机械铭牌规定的钢筋。

(3)切断钢筋时手与刀口的距离不得少于15cm。

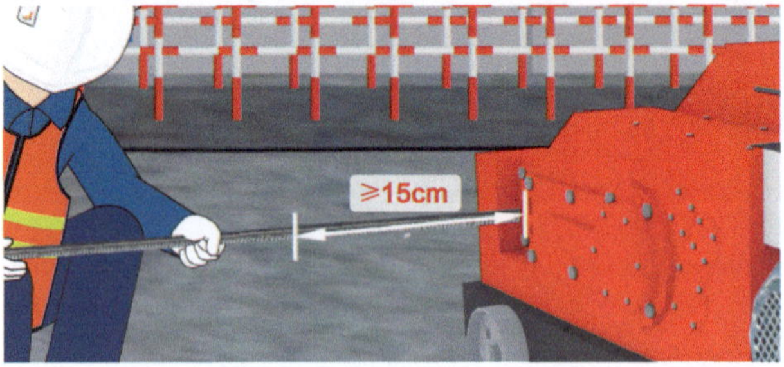

(4)切断短料手握端小于40cm时,应用套管或夹具将钢筋端头压住或夹住。

(5)机械运转中严禁用手直接清除刀口附近的断头和杂物。

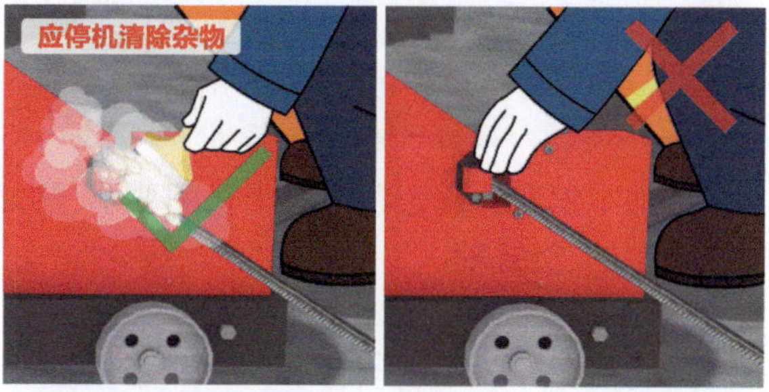

(6)在钢筋摆动的范围和刀口附近,非操作人员不得停留。

(7)发现机械运转异常、刀片歪斜等应立即停机检修,作业结束后立即切断电源并清除切刀间的杂物。

4.3.4　弯曲成型

(1)作业前,应检查并确认芯轴、挡铁轴、转盘等无裂纹和损伤,防护罩坚固可靠,空载运转正常后,方可作业。

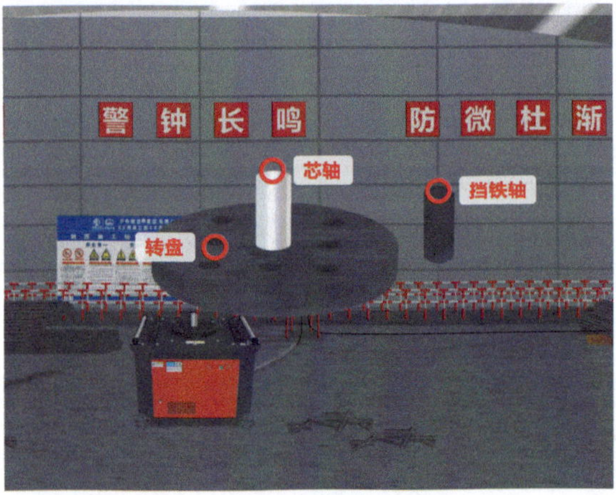

(2)应按加工钢筋的直径和弯曲半径的要求,装好相应规格的芯轴和成型轴、挡铁轴。

(3)挡铁轴的直径和强度不得小于被弯钢筋的直径和强度,不直的钢筋不得在弯曲机上弯曲。

(4)作业中,严禁更换轴芯、销子和变换角度以及调速,也不得进行清扫和加油。

(5)作业后应及时清除转盘及孔内铁锈、杂物等。

4.3.5 丝头加工

(1)使用套丝机前,要检查刀片是否按顺序安装,连接是否牢固,各运转部位润滑情况是否良好,有无漏电现象,空车试运转确认无误后,方可正常作业。

(2)加工安装卡控:直螺纹接头钢筋端部应使用砂轮切割机切断钢筋,切口面应与钢筋轴线垂直,严禁马蹄形或翘曲,严禁用剪断机剪断或用气割切割下料。

(3)套丝时必须确保钢筋夹牢固。

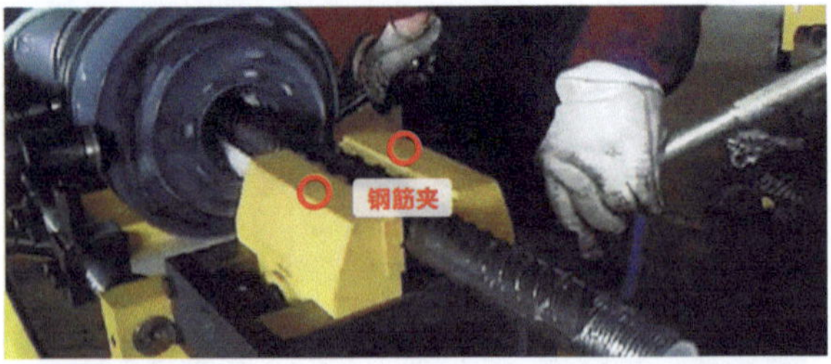

(4)机械在运转过程中，严禁清扫刀片上面的积屑杂污，发现工况不良应立即停机检查、修理。

(5)已加工好的丝扣必须采用环规和止规进行检验。

(6)加工好的钢筋螺纹头部，应立即佩带螺纹保护帽，防止螺纹锈蚀及损坏。

4.4 钢筋安装

钢筋连接包括：绑扎连接、焊接连接、机械连接。

绑扎连接

焊接连接

机械连接

4.4.1　钢筋绑扎连接

(1)钢筋绑扎连接包括:手工绑扎、钢筋绑扎机绑扎。

(2)手工绑扎形式有:一面顺扣法 、兜扣法、缠扣法、反十字花扣法、套扣法。

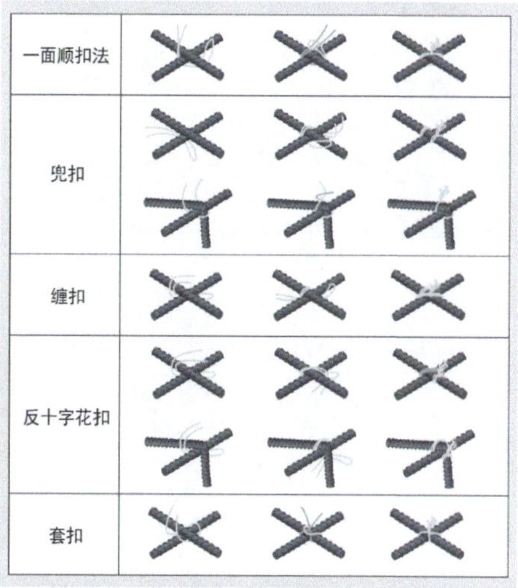

(3)钢筋绑扎时应根据钢筋直径选取扎丝长度及扎丝规格。

钢筋绑扎铁丝长度参考表(mm)

钢筋直径(mm)	3~5	6~8	10~12	14~16	18~20	22	25	28	32
3~5	120	130	150	170	190				
6~8		150	170	190	220	250	270	290	310
10~12			190	220	250	270	290	310	330
14~16				250	270	290	310	330	350
18~20					290	310	330	350	370
22						330	350	370	390

(4)严禁钢筋交叉点少绑、漏绑。骨架交叉点全数绑扎,其他交叉点不低于50%。

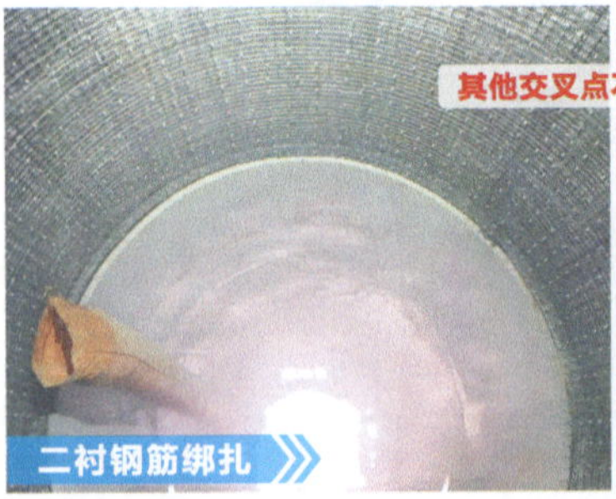

4.4.2　钢筋焊接连接

（1）钢筋焊接连接应由电焊作业人员操作，焊接方法、接头形式、适用范围应符合要求。

（2）钢筋绑扎搭接长度一般不小于 35d（d，钢筋直径）；单面搭接焊不小于 10d，双面搭接焊不小于 5d。有特殊要求时搭接长度应符合相应规范标准。

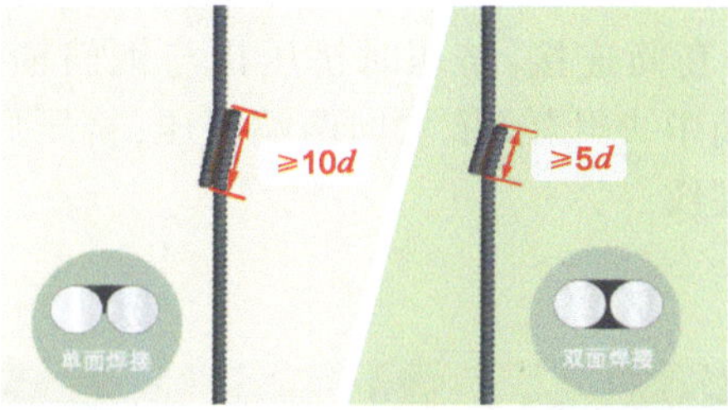

（3）钢筋接头应错开设置，且应避开受力较大部位，错开量应符合相应规范要求。

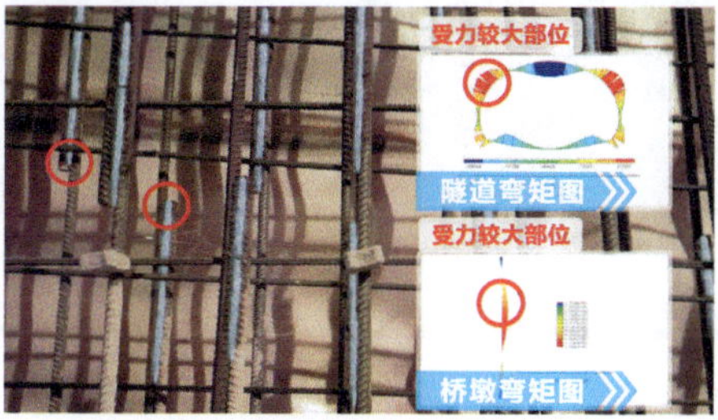

4.4.3 钢筋机械连接

(1)机械连接包括:挤压套筒连接、直螺纹套筒连接。

直螺纹套筒连接

挤压套筒连接

(2)挤压套筒连接:挤压时挤压机与钢筋轴线保持垂直。挤压应从套筒中央开始,依次向两端挤压,挤压后的套筒不得有肉眼可见裂纹。

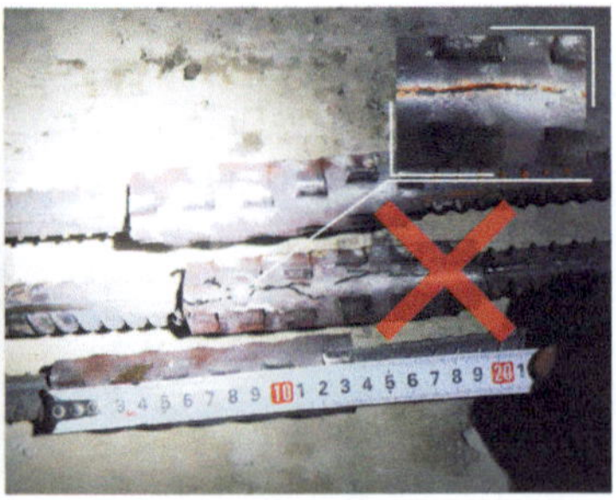

（3）直螺纹钢筋连接时接头必须采用管钳扳手拧紧，钢筋丝头必须在套筒中央位置正对轴线相互顶紧；标准型接头安装后的外露螺纹不宜超过2丝；安装后必须使用扭力扳手校核拧紧力矩。

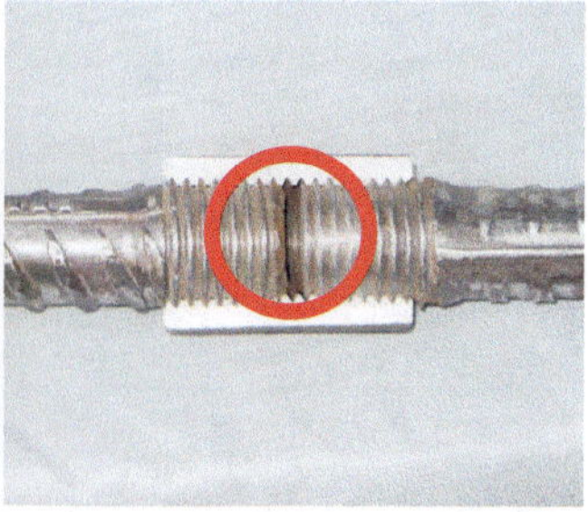

钢筋丝头位置

直螺纹套筒连接

直螺纹接头安装时的最小拧紧扭矩值					
钢筋直径(mm)	≤16	18~20	22~25	28~32	36~40
拧紧力矩(N·m)	100	200	260	320	360

扭力扳手必须每半年用扭力仪校核一次，并形成记录。

4.4.4　钢筋保护层垫块设置的有关要求

(1)混凝土垫块应具有足够的强度和密实性;采用其他材料垫块时,强度应满足要求且材料中不应含有对混凝土产生不利影响的成分。垫块的制作厚度不应出现负误差,正误差应不大于1mm。

(2)垫块在结构构件侧面和底面所布置的数量应不少于3个/m^2。

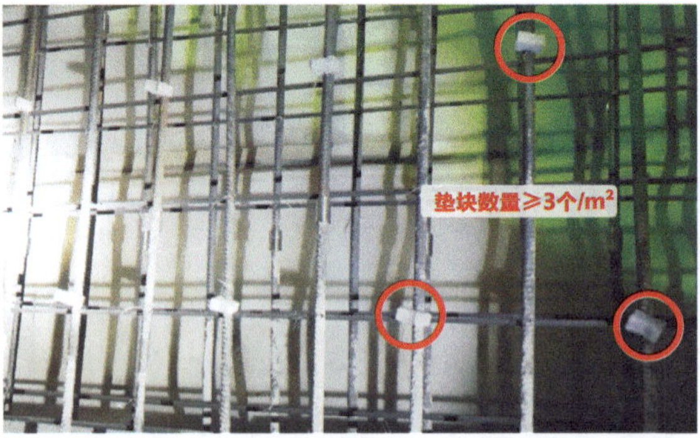

4.4.5 马凳筋设置的有关要求

(1)马凳要有一定的刚度,能承受施工人员的踩踏,避免上部钢筋扭曲和下陷。

(2)马凳筋应与下层钢筋焊接,严禁直立在模板上损坏模板。

4.4.6 钢筋防倾覆与防垮塌措施

（1）保证钢筋骨架成型质量，墙、柱的竖向钢筋及隧道二衬的环向钢筋与水平面垂直，骨架交叉点可采用焊接保证其稳定。

（2）两层钢筋之间及钢筋架体应严格按技术交底的要求设置临时支撑，架体未成型前严禁提前拆除支撑或解除约束。

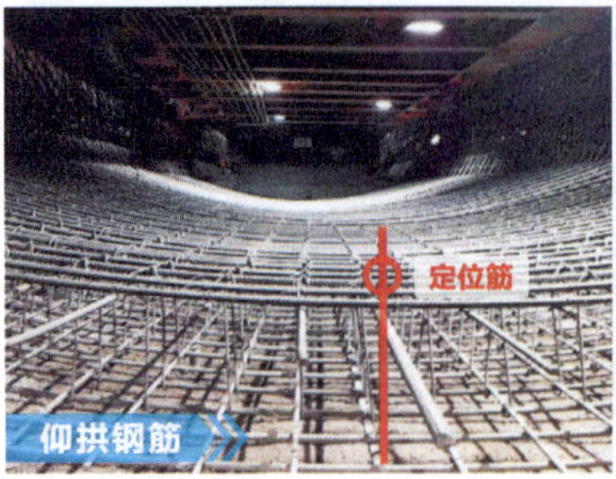

（3）钢筋骨架上不得集中堆载钢筋、模板等物料。

（4）施工现场的电缆线不得直接挂在钢筋上。

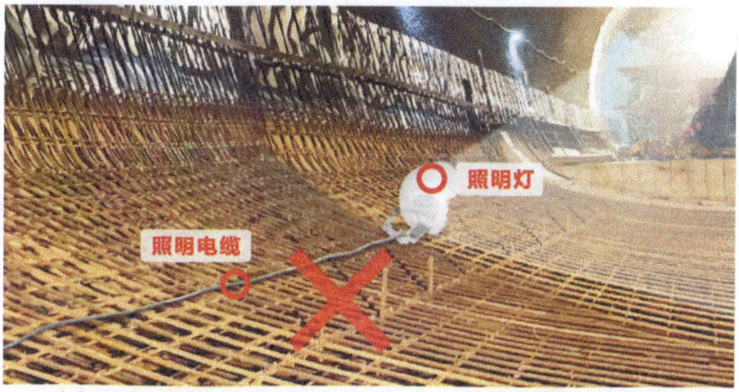

（5）绑扎钢筋和安装钢筋骨架时，必须搭设脚手架或操作平台，脚手架上满铺脚手板；在高度大于等于 2m 作业时必须系安全带。

5 PART 全自动钢筋加工机械简介

随着科技发展，全自动数控设备逐渐在施工领域发挥了重要作用，目前常用的有数控钢筋弯箍机、数控钢筋笼滚焊机、钢筋网片成型机等。数控钢筋弯箍机是集调直、弯曲、切断于一体，采用智能控的设备。数控钢筋笼滚焊机是一种由 PLC 控制的加工生产钢筋笼的设备。具有生产效率高，适用范围广、加工精度高、材料损耗少、占地面积小等优点。

数控钢筋笼滚焊机

数控钢筋弯箍机

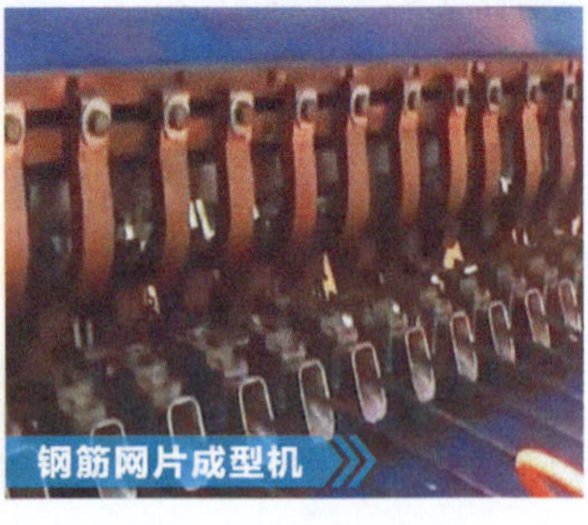
钢筋网片成型机

钢筋工安全口诀

电焊作业需取证　线路连接找电工
数控设备早应用　安全高效又节能
人工调直不动火　机械加工保间距
套筒加工需检验　高处安装设平台